VOYAGE

PITTORESQUE ET HISTORIQUE

AU BRÉSIL,

OU

Séjour d'un Artiste Français au Brésil,

DEPUIS 1816 JUSQU'EN 1831 INCLUSIVEMENT,

Époques de l'Avénement et de l'Abdication de S. M. D. Pedro 1ᵉʳ,
Fondateur de l'Empire brésilien.

Dédié à l'Académie des Beaux-Arts de l'Institut de France,

PAR J. B. DEBRET,

PREMIER PEINTRE ET PROFESSEUR DE L'ACADÉMIE IMPÉRIALE BRÉSILIENNE DES BEAUX-ARTS DE RIO-JANEIRO, PEINTRE
PARTICULIER DE LA MAISON IMPÉRIALE, MEMBRE CORRESPONDANT DE LA CLASSE DES BEAUX-ARTS DE L'INSTITUT
DE FRANCE, ET CHEVALIER DE L'ORDRE DU CHRIST.

7ᵉ Livraison. 24. 25. 26
fin

PARIS,

FIRMIN DIDOT FRÈRES, IMPRIMEURS DE L'INSTITUT DE FRANCE,

LIBRAIRES, RUE JACOB, Nº 24.

M DCCC XXXIV.

FORÊTS VIERGES
DU BRÉSIL.

J'ai, voulu à mon retour en Europe, apporter aux artistes français une intéressante nouveauté qui fût en même temps, pour eux, un souvenir de moi, après une longue absence employée tout entière à la propagation des beaux-arts dans l'autre hémisphère.

Ce souvenir, c'est une collection de dessins, spécialement consacrée à la végétation et au caractère des forêts vierges du Brésil, que j'offre aux peintres de paysage et d'histoire, qui, cherchant un choix de sujets neufs pour l'Europe, puiseraient dans les poëmes portugais et brésiliens des faits historiques du nouveau monde, décrits avec autant de verve que de vérité.

Cette collection, par son étendue et sa variété, prouvera du moins à mes compatriotes qu'au milieu des nombreuses occupations qui m'étaient imposées à Rio de Janeiro, j'avais toujours présents à la pensée le désir et l'espoir de leur être utile à mon retour en France.

Puisse leur accueil favorable, unique objet de mon ambition, m'aider à supporter avec plus de résignation le chagrin de ne pas retrouver parmi eux quelques-uns des illustres compagnons de mes études, que mon cœur cherche en vain, et dont il ne me reste plus que les immortels travaux à admirer! glorieuse mais pénible consolation, s'il en est toutefois à une séparation éternelle.

PLANCHE 1.

Le premier numéro représente les bords du *Phraïba*, fleuve qui se précipite à travers les forêts vierges, et s'y fraie un passage en déracinant les arbres qu'il entraîne dans son vaste courant. D'autres arbres sur le premier plan ont été renversés par la violence des vents.

Le groupe de figures qui anime ce paysage représente le retour de trois soldats indigènes civilisés, qui, après avoir ravagé une petite bourgade sauvage, ramènent les femmes et les enfants prisonniers de guerre. Ils traversent le fleuve sur un de ces ponts naturels jetés sur des rochers, immobiles au milieu de ce désastre comme des monuments de la résistance de la terre aux envahissements des eaux (*).

(*) Voir la pl. 21 du *Voy. pitt.*

FORÊTS VIERGES.

PLANCHE 2.

N° 1.—Extrémité de la branche d'un arbuste assez touffu, qui s'élève au plus à deux pieds et demi de terre, et dont les fleurs de nuances variées forment un groupe de fleurons d'un rouge pourpré, entouré d'un cercle d'autres fleurons jaune d'or. Ses feuilles, d'un vert foncé, sont légèrement veloutées.

N° 2.—Plante parasite qui croît sur le revers aride des montagnes : sa tige, haute d'un pied et demi environ, est couronnée d'un groupe de fleurs lilas clair.

N° 3.—Fleur monopétale du tabac, environnée de ses nombreux boutons; sa couleur est rose un peu pourpré, et le fond de son calice est blanc verdâtre.

N° 4.—*Pariri* (en portugais), plante herbacée dont la tige a deux pieds de hauteur; sa fleur, tout à fait singulière, se compose d'une membrane blanc verdâtre, extrêmement transparente, qui laisse voir ses graines très-noires, enveloppées d'une sorte de gaze.

N° 5.—Autre extrémité de la branche fleurie d'un arbrisseau assez vigoureux. Sa fleur est d'un rouge ardent, et ses feuilles luisantes sont d'un vert chaud.

Tous ces dessins, à l'exception du n° 2, sont de grandeur naturelle.

PLANCHE 3.

N° 1.—*Bauhinia Liane*, ou plante grimpante, à fleurs blanches, et dont les feuilles, vert clair, se referment le soir en rapprochant leurs deux moitiés jumelles (n° 1 bis).

N° 2.—Partie d'une branche d'un arbrisseau dont les graines, renfermées dans trois gousses jumelles, sont groupées à l'extrémité de la tige qui les porte. Leur enveloppe est d'un noir brun, et les graines, moitié blanches et noires, servent à former les bracelets des sauvages.

N° 3.—Cette plante parasite et solitaire, haute de trois pieds, s'élève perpendiculairement sur une tige d'un vert clair, remarquable par sa forme mamelonnée et par l'insertion de ses feuilles lisses, épaisses et colorées d'un beau vert un peu foncé. Sa fleur, belle d'aspect, harmonieuse de couleur, laisse voir au milieu de sa partie interne un cône renversé d'un rose suave, frangé d'une nuance pourpre éclatante; et les feuilles détachées qui l'environnent, également roses, mais un peu plus foncées à leur extrémité inférieure, surmontent une base violette. On la trouve au sud du Brésil, sur les rochers qui bordent la mer, et toujours hors de la portée des flots.

N° 4.—Petite plante herbacée, dont la fleur se compose de deux feuilles veloutées, violet froid foncé, et d'une troisième blanche et transparente, placée à la partie inférieure du centre; cette dernière se recourbe en se comprimant, et forme une espèce de coupe remplie d'une liqueur gommeuse très-claire.

Ces dessins, à l'exception du n° 3, sont de grandeur naturelle.

Planche 4.

N° 1. — Détail, de grandeur naturelle, de l'extrémité supérieure d'une branche du *cafier*, portant au Brésil des fleurs et des fruits toute l'année : mais la grande floraison a lieu au mois d'août; la récolte peut se commencer en mars, et se prolonge jusqu'au mois de mai, époque de sa plus grande abondance. La fleur est blanche, les fruits conservent leur couleur verte jusqu'au premier degré de maturité; ils commencent alors à jaunir; ses feuilles brillantes sont d'un vert foncé. Lorsque cet arbrisseau manque d'air, il se dépouille de ses feuilles, et laisse voir ses branches, généralement assez minces, hérissées alors de son fruit précieux.

N° 1 bis. — Fruit dans son degré de parfaite maturité, coloré d'un rouge cerise très-éclatant. La pellicule luisante qui recouvre sa graine, divisée en deux lobes, renferme une petite quantité de substance mucilagineuse très-sucrée, nourriture de la graine. Les oiseaux, très-avides de cette substance, font pour s'en abreuver, tomber beaucoup de fruits que l'on retrouve à terre presque entièrement dépouillés de leur enveloppe, et par conséquent de leur principe conservateur, ce qui force les propriétaires à les employer pour leur consommation particulière.

N° 2. — Chenille de grandeur naturelle, qui se plaît sur les mimoses : sa structure extraordinaire présente au premier aspect la tête blanchâtre d'un veau à l'extrémité postérieure de son individu, et à son extrémité antérieure une tête de dauphin. Cette dernière est uniquement formée par les nombreuses protubérances molles qui recouvrent la partie supérieure de son corps. Placée sur un plan horizontal, on en découvre plus facilement la véritable tête, enfoncée ici sous l'énorme capuchon qui imite la tête de dauphin, dont les dents supposées sont réellement figurées par la tête naturelle et les six pattes de devant de la chenille.

N° 3. — Branche du *thé* de grandeur naturelle. On la voit comme de coutume, chargée d'une énorme quantité de fleurs et de graines. Les quatre pétales de la fleur sont blanches, le cœur est jaune d'or. Cet utile végétal importé de l'Inde, et cultivé avec soin au Brésil depuis 1808, s'y trouve aujourd'hui acclimaté avec succès; sa végétation, devenue plus active, s'y élève au double de sa hauteur primitive.
Ce sont spécialement les jeunes feuilles encore tendres de l'extrémité des nouvelles pousses qui forment dans la cueille la première qualité. Les cultivateurs, pour doubler leur récolte, le dépouillent de ses feuilles deux fois par an. En 1831, il s'en faisait déja un commencement de spéculation pour la consommation du pays.

N° 4. — Graine dans son état de maturité, dont l'enveloppe commençant à se dessécher, laisse échapper une des trois petites graines qu'elle renferme. On peut extraire beaucoup d'huile de leur substance farineuse.

Planche 5.

Le palmier cocotier ventru (*coqueiro barrigudo*, nom portugais donné vulgairement dans le pays). Cet arbre de construction bizarre est remarquable par la singularité de la dilatation partielle de sa tige, et de plus par l'isolement du point de départ de ses racines, qui élèvent l'arbre de plus de quatre pieds au—dessus du terrain où elles végètent. Les feuilles de ses palmes, divisées par touffes irrégulières, prennent naissance sur les côtes latérales de la tige carrée qui les supporte.

PLANCHE 6.

Le roseau éventail, que les indigènes nomment *tôa ouba*, croît dans les endroits humides et sur le bord des rivières. Les sauvages coupent sa hampe florale pour faire le bois de leurs flèches, et les artificiers brésiliens s'en servent habituellement pour faire les baguettes de leurs fusées volantes. Ces hampes se vendent dans les villes sous le nom de *pao de frecha*, bois de flèches.

L'ensemble de cette planche représente le bord d'une rivière de l'intérieur, toujours peuplé d'une immense quantité d'oiseaux aquatiques.

Il m'est permis d'espérer que les peintres français, curieux de traiter des sujets brésiliens, encore neufs pour eux, verront par les soins que je mets dans mon travail, le désir constant de leur être consciencieusement utile, en leur offrant non-seulement une nombreuse collection de végétaux très-détaillés, mais encore leur analogie avec le sol sur lequel on doit les placer; combinaison indispensable pour rendre avec justesse l'immense variété qui enrichit cette belle partie du monde.

Et, pour première conviction, j'insère ici une note succincte et précise, que je dois à la bienveillance d'un jeune savant, naturaliste enthousiaste, mon ami et mon compagnon au Brésil, dévoué comme moi à la culture des beaux-arts. Il ne me reste donc plus qu'à reproduire dans l'ensemble de mes cahiers un individu de chacune des espèces citées avec ordre dans cette ingénieuse analyse.

STATISTIQUE VÉGÉTALE.

COUP D'ŒIL SUR LES LIEUX D'ADOPTION DE CHAQUE ESPÈCE, DEPUIS LE RIVAGE DE LA MER JUSQU'AUX PICS DE LA CHAINE DOS ORGAES.

Il semble par les situations toujours constantes où se fixent les plantes, qu'elles adoptent une zone qui favorise leur végétation, et au-dessous et au-dessus de laquelle on ne les rencontre plus. Des observations faites à l'aide de bons instruments pourraient déterminer avec précision les diverses latitudes, les divers échelons où elles paraissent dans tout leur éclat, et deviendraient précieuses. Il est possible cependant de les classer par degrés approximatifs, de la manière suivante :

1ᵉʳ degré. — Le rivage de la mer se garnit de mangliers dans les vases, et d'une foule d'espèces de quamoclit, de cucurbitacées, de capparidées en arbre, et d'apocinées dans les sables. C'est aussi le seul lieu où le cocotier donne ses fruits. Les eaux vives, ou les eaux saumâtres qui se rassemblent dans la saison des pluies, sont bientôt recouvertes par les larges feuilles du nymphœa, les masses de verdure du pontédéria aux fleurs bleues, et par celles d'une espèce particulière de renonculacée; au milieu d'elles croissent avec vigueur le tucum, espèce de palmier bas et épineux, dont les feuilles fournissent une sorte de soie d'un vert-jaune, forte et incorruptible, et de plus, des fruits acides comestibles. Cet arbre élégant accompagne des calebassiers à branches très-écartées et une espèce de corossolier très-bas et tortueux. Sur les rives de ces stagnes s'étendent des tapis d'un gazon très-fin, toujours vert, entremêlés de touffes de sensitive rampante, à fleurs globuleuses d'un rose tendre, et dont les feuilles, d'un brun-sanglant en dessous, se ferment rapidement et décèlent ainsi le passage d'un être vivant, au milieu du vert pur qui continue de briller sur celles qui n'ont pas été froissées. On remarque également dans ces lieux des crinoles à très-longues étamines pourprées, et beaucoup de cypéracées diverses, qui garnissent le pied de quelques arums arborescents et d'une espèce de ketmie à grandes fleurs jaunes (guaxuma do mangle), dont l'écorce sert à faire des câbles.

Les sables mélangés de terre qui forment exclusivement le sol jusqu'aux premières collines donnent naissance aux cactiers, aux cierges qui affectent toutes les formes possibles, et se groupent sur une étendue considérable, en formant des forêts épineuses, privées de feuilles. Les branches desséchées de ces plantes offrent des flambeaux naturels, dont les pêcheurs savent tirer parti pour leurs expéditions nocturnes. D'espace en espace, s'élèvent des buissons de plinia à fruits rouges cannelés, de myrtes et de taberné, etc., sur lesquels s'étendent de longues guirlandes d'échites, de passiflores, de bignones, de liserons et d'aristoloche tellement pressés l'un contre l'autre, qu'il faut du temps et de l'habitude pour couper par le pied un végétal dont on distingue pourtant les fleurs sur un fond de verdure sombre.

2e *degré*. — Dès que la côte s'élève, paraissent les palmiers indaïa-assù, le rhexia violacea et quelques mélastomes, quelques agavè, des broméliacées sauvages, peu de fougères, mais beaucoup d'espèces de mimosa qui, herbacés dans la plaine, sont arbrisseaux sur les collines, et deviennent arbres monstrueux vers le milieu des montagnes.

3e *degré*. — Les palmiers pati, aïri-assù à tronc épineux, et d'une extrême dureté, ùricane à folioles très-larges et comme soudées, employées pour couvrir les cases, enfin le palmiste ou arec à chou, s'élancent dans les airs, tandis qu'à leurs pieds croissent les magnifiques fougères-arbre, à larges palmes finement découpées, et que, près d'eux, ondoient des forêts entières de bambous, dont on distingue trois différentes espèces, le taquorussù à chaume très-gros, creux, noueux, et pourvu d'épines courtes et très-crochues aux articulations; le lambadeiro, à nœuds très-distants, mince, varié de lignes en zigzag blanches, fines et rapprochées sur un fond vert sombre; et le bengal, à chaume plein très-noueux, garni de nombreuses branches verticillées, depuis sa naissance jusqu'au sommet. Ces diverses plantes marquent assez régulièrement la source des fleuves. A cette hauteur on rencontre beaucoup de gros arbres, parmi lesquels on peut remarquer les figuiers, un érythrine très-élevé à grappes de fleurs nombreuses et d'un rouge de feu; un bignonia à fleurs d'un jaune de soufre (l'*ipè*), ainsi qu'un lécythis (*sapùcaya*), à fruits en forme de marmite : les bois de ces deux arbres remplacent, le premier le gayac, et le second le chêne d'Europe, avec lequel il a les plus grands rapports; enfin un quinquina à larges feuilles et le superbe talauma de Jussieu, à fruit subéreux, renfermant un réceptacle alvéolé semblable à une morille, où sont enchâssées des semences d'un rouge vif.

4e *degré*. — Aux arbres précédents commencent à se joindre le couratari (*jéquétiva*), monstrueux végétal dont le tronc, droit, souvent de 90 pieds de hauteur, sans branche sur quelquefois plus de 40 de circonférence, sert à faire des ponts d'une seule pièce (*pinguèlas*), sans autre précaution que celle de faire tomber le tronc en travers sur un torrent, où il sert au passage, jusqu'au moment où les arbres charriés par les pluies s'amoncellent, et sont enfin entraînés par les eaux avec le pont, qui ne saurait résister à leur masse ; les *jacarandas preta* (ou noir) et *J. cabiune, tatù, parobà, tapinois,* etc., bois réservés (*de leis*), et qu'il n'est pas permis d'abattre dans les lieux où leur transport est présumé possible. A cette hauteur circulent journellement des brumes froides; plus haut viennent les grands mimosa et les lauriers (connus sous le nom de *cannelles,* et distingués par la couleur de leur bois, d'où ils tirent leurs noms de *pretà, amarella,* etc.). Ici les arbres se chargent de végétaux parasites, leurs troncs supportent des masses énormes d'arums à feuilles en flèche et à racines pendantes comme des cordes, des *tidlandsia* (*craùatas*), fournissant quelquefois une filasse de médiocre qualité; enfin d'une telle quantité d'orchidées parasites, que la vie d'un homme pourrait à peine suffire pour recueillir toutes les espèces qui croissent dans une seule province, et qui cependant n'y paraissent qu'à des époques fixes. Plus la température devient froide, et plus les rameaux des grands arbres se chargent de touffes de *tidlandsia usneoïdes,* pendantes comme de longues barbes (*barba de velha* des Brésiliens).

5e *degré*. — Paraissent alors les cédrels (*cèdro*), un balsamier (*olho vermelho*), à bois compacte, très-dur, odorant, d'un rouge-brun, excellent pour les constructions navales, en résistant par son élasticité aux plus violentes tourmentes; le copahu (*copaïba*), connu par son produit; enfin le *caburaïba,* qui fournit un baume semblable à celui du Pérou. A cette élévation, mais sur le revers (ouest) de la chaîne de montagnes, croît vigoureusement le *pinhàm* (*araucaria*).

6ᵉ *degré.* — Ici les arbres semblent souffrir, végéter ou faire des efforts impuissants pour lutter contre une température qui gêne leur accroissement. Peu à peu des forêts de fougères remplacent les arbres, et des rosettes de *tidlandsia,* comme fixées sur les rochers bruts, sont les seules marques de végétation qui se rencontrent à cette hauteur, qui paraît être la dernière où la nature étende son empire. Elle essaie sa puissance au bas des grandes chaînes de montagnes, se montre dans sa majesté vers leur milieu où se concentrent toutes ses forces, qui décroissent et s'anéantissent sous un froid où quelques lichens et quelques mousses naissent comme à regret, et sont bientôt eux-mêmes frappés de mort.

Théodore Descourtiltz.

Planche 1.

La première planche représente une vallée, d'un aspect sombre et imposant, située au centre des gorges de la *Serra do Mar,* longue chaîne de montagnes dont les échos répètent sans cesse le bruit des chutes du torrent qui circule dans ses fonds boisés, ici dépeuplés en partie par le passage des eaux qui s'élancent écumantes à travers les dernières entraves opposées à leur envahissement; ne rencontrant plus d'obstacles, elles deviennent plus limpides et circulent gracieusement autour d'une multitude d'îlots qu'elles dessinent par leur cours plus paisible.

C'est au centre d'un de ces petits mamelons toujours verts, qu'une famille de *Coroados,* installée dans sa cabane, cherche dans la pêche et dans la chasse les aliments qui suffisent à son bonheur.

Stupéfait à l'aspect de ce chaos de destruction et de reproduction, le voyageur européen, ému encore d'avoir franchi d'un pas chancelant ces innombrables ponts naturels jetés au hasard, se sent glacé d'un nouvel effroi, en apercevant, à une élévation prodigieuse au-dessus de sa tête, les masses énormes et menaçantes de ces arbres gigantesques qui, survivant à leur renversement, se balancent mollement, suspendus dans les airs par des *cipòs* parasites, cordages naturels qui continuent de végéter avec elles, et en préviennent ainsi la chute pendant plus d'un demi-siècle.

Au contraire, l'indigène sauvage, accoutumé à ce beau désordre de la nature, fort de son instinct et de son agilité, toujours stimulé par la faim, grimpe avec vigueur jusqu'à la cime des arbres les plus élevés pour en cueillir les fruits, ou se précipite avec une adresse particulière à travers les buissons hérissés d'épines, et souvent même de végétaux vénéneux, pour y saisir avec joie la feuille timide dont la tige rampante lui décèle sa racine nutritive.

L'arbre à larges feuilles découpées, placé sur le devant, est le *papayer* (*mamão* en portugais), dont le fruit rafraîchissant, mais sans saveur, peut se comparer à la citrouille d'Europe.

Le même arbre dépourvu de feuilles, représenté à côté du précédent, n'offre plus qu'une tige blanche, couverte d'une multitude de losanges gris-roussâtres, empreintes, de l'insertion des tiges élancées, de toutes les feuilles qui le couvraient.

Dans les villes, le suc laiteux du *mamão* (*mamaon*) s'emploie utilement comme un puissant vermifuge.

PLANCHE 2.

N° 1.—Liane à fleurs roses : sa tige ligneuse, quelquefois de trois pouces de diamètre à sa base, et qui s'élève à plus de 3o pieds, se divise en longues branches extrêmement déliées, qui s'élancent jusqu'à la sommité des arbres, et se mêlent à leur feuillage, en le recouvrant ainsi d'une floraison étrangère, qui trompe d'abord l'œil de l'observateur. Cette fleur se compose de trois feuilles jumelles, jointes entre elles jusqu'à la naissance de leurs styles.

N° 2.—Plante parasite, de huit pouces de hauteur, dont la tige floréale, rouge carminée, porte des boutons rouge ardent à leur base, et jaune d'or à leur extrémité.

N° 3. — Extrémité de la branche d'une plante rampante à tige ligneuse, dont les fleurs sont gris bleuâtre, et les feuilles vert foncé. Ses branches n'ont pas plus de dix-huit pouces de longueur.

N° 4.—*Pinguin bromelia*, de deux pieds de haut, dont les feuilles centrales sont d'un rouge ardent, tandis que les feuilles extérieures sont d'un vert assez foncé. Ses fleurs, disposées en groupe pyramidal, sont violettes et à tube d'un blanc verdâtre.

Les numéros 1 et 3 sont dessinés de grandeur naturelle.

PLANCHE 3.

N° 1.—Aristoloche, plante grimpante dont les feuilles luisantes sont d'un vert foncé; les fleurs, veloutées, monopétales, d'une forme singulière, sont d'un violet foncé, à l'exception de leur tube, qui est au contraire blanc-verdâtre.

N° 2. —Le figuier sauvage, appelé au Brésil *pita sporum*, donne un fruit rempli d'une assez grande quantité de substance gommeuse, colorée d'un jaune-orange, dont les sauvages *Charruas* se servent pour le tatouage. (Voir le 1er vol. du *Voy. pitt.*)

N° 3. —*Justicia*, plante à fleur rose que l'on trouve sur les terrains élevés.

N° 4.—Espèce de soie végétale. Graines en état de parfaite maturité; on voit les filaments soyeux conducteurs de la sève qui les alimentait lorsqu'elles étaient renfermées dans leur enveloppe commune, maintenant desséchée.

Tous ces dessins sont de grandeur naturelle.

PLANCHE 4.

N° 1.—Bouton de la fleur du cotonnier, assez remarquable par sa base triangulaire.

N° 2. —La fleur épanouie, de couleur jaune-soufre, dont les pétales, de forme triangulaire, sont rangés en spirale.

N° 3.—Graines enveloppées de leur capsule commune qui commence à ouvrir ses trois lobes; sa couleur est d'un vert foncé qui se brunit vers ses extrémités.

N° 4.—Les mêmes graines, dans leur état de maturité, uniquement enveloppées de leur duvet cotonneux, prêtes à se détacher de leur capsule commune entièrement desséchée.

Ces quatre premiers numéros sont de grandeur naturelle.

N° 5.—Plante grasse à fleur flosculeuse. On la trouve sur les rochers nus des plateaux élevés; il n'est pas rare d'en rencontrer qui ont sept pieds de hauteur.

Les tubes de ses fleurons sont d'un rouge ardent, et les étamines d'un jaune doré.

La fleur séparée, ainsi que le bouton à graine, sont tous deux de grandeur naturelle.

PLANCHE 5.

N° 1.—Le bananier (*bananeiro*), se trouve dans les forêts vierges, cultivé par les sauvages, qui en environnent leurs cabanes. D'autres, primitivement cultivés par des peuplades nomades, et abandonnés depuis à leur végétation naturelle, donnent des fruits qui deviennent maintenant la proie des chasseurs ou des animaux frugivores.

On cultive au Brésil deux espèces de bananes: l'une nommée banane de jardin, ou de *San-Thomè;* celle-ci est la plus petite et extrémement savoureuse; l'autre, banane indigène, ou *da terra*, infiniment plus grosse, mais bien inférieure en goût.

Le bananier ne fleurit qu'une fois, à la fin d'une végétation de douze à quatorze mois; ensuite il se dessèche, et fait place en mourant aux divers rejetons qui sortent de sa bulbe; il se plaît surtout dans un terrain gras et humide.

Sa souche n'est, à proprement dire, qu'une gaîne formée par l'enroulement de plusieurs couches de feuilles: elle s'élève jusqu'à douze pieds; ses feuilles, d'un vert chaud et satinées, ont ordinairement six pieds de long sur deux de large; leur tige, épaisse et concave, sert de conduit aux eaux pluviales pour en humecter la souche.

Ses feuilles gigantesques sont garnies de membranes transversales, rapprochées les unes des autres, et correspondantes à un ourlet naturel qui en fortifie le bord; cependant, malgré cet avantage, elles ne peuvent résister à la violence des vents du midi, qui les déchirent par bandes irrégulières.

Sa tige, presque aussi grosse à son insertion que le bras d'un homme, est entièrement couverte de fruits, dont, à la vérité, une grande partie ne parvient pas à son degré de maturité.

Ses fleurs, rougeâtres, groupées par sept ou huit, naissent sous des petites feuilles violettes luisantes, enveloppes particulières de chacune de ces petites masses, rangées circulairement autour de la tige qui les nourrit: elles restent ainsi comprimées jusqu'à un certain degré de conformation des fruits; alors la feuille qui les enveloppe, s'entr'ouvrant peu à peu, laisse pénétrer sur eux les rayons du soleil jusqu'à ce que, devenus plus forts, elle s'en sépare et les abandonne à toute la vigueur de leur végétation.

Ces fruits restent long-temps verts sur la tige, mais on les cueille avant qu'ils jaunissent. Les sauvages les gardent posés à terre dans un coin de leurs cabanes, jusqu'à ce qu'un beau jaune orangé et des taches noires ensuite indiquent leur parfaite maturité.

N° 2.—Groupe de fruits mûrs détachés de la tige floréale.

N°. 3.—Fruit dégagé de sa peau et prêt à être mangé; sa chair, moelleuse, pleine d'un suc humectant, rappelle au palais le goût de la poire et du coing. Les sauvages le mangent cru, ou rôti sur des charbons. Cette préparation lui donne toute la saveur de la pomme de reinette; et sa chair, aussi utile qu'agréable, s'emploie avec succès bouillie ou rôtie, comme cataplasme résolutif.

N° 4. — Dessin de grandeur naturelle de la chenille du bananier, très-singulière par l'espèce de couronne qui surmonte sa tête. Son corps, d'une teinte verdâtre, est rayé de doubles lignes d'un violet rosâtre; les piques de sa couronne sont d'un jaune clair, et les petites perles qui les terminent sont noires; les deux autres piques placées à son extrémité postérieure sont également jaunes.

Planche 6.

Le sujet principal de ce paysage est un groupe d'*éliconias*, dont les feuilles gigantesques, de quatre à cinq pieds de haut, servent aux sauvages *Patachos et Puris* pour couvrir leurs cabanes. (Voir le 1ᵉʳ vol. du *Voy. pitt.*) La tige floréale de cette plante est d'une teinte verte, et la fleur luisante qui la surmonte est d'un rouge couleur de feu.

Le *jacarè,* jacaret ou caïman (sorte de crocodile), se tient souvent caché sous cet énorme végétal, toujours environné de plantes aquatiques, dont les floraisons blanches, jaunes et roses, émaillent la surface des eaux. Ce redoutable amphibie se nourrit particulièrement d'œufs d'oiseaux aquatiques, population nombreuse qui garnit tous les bords des rivières et des lacs de l'intérieur des forêts du Brésil.

Sur le plan reculé, on voit un groupe de palmiers cocotiers *tucum* (toucou), dont le fruit, sucré et légèrement acidulé est agréable au palais.

Cet arbre est encore remarquable par les filaments soyeux de ses feuilles, que les sauvages savent utiliser. (Voir le 1ᵉʳ vol. du *Voy. pitt.*)

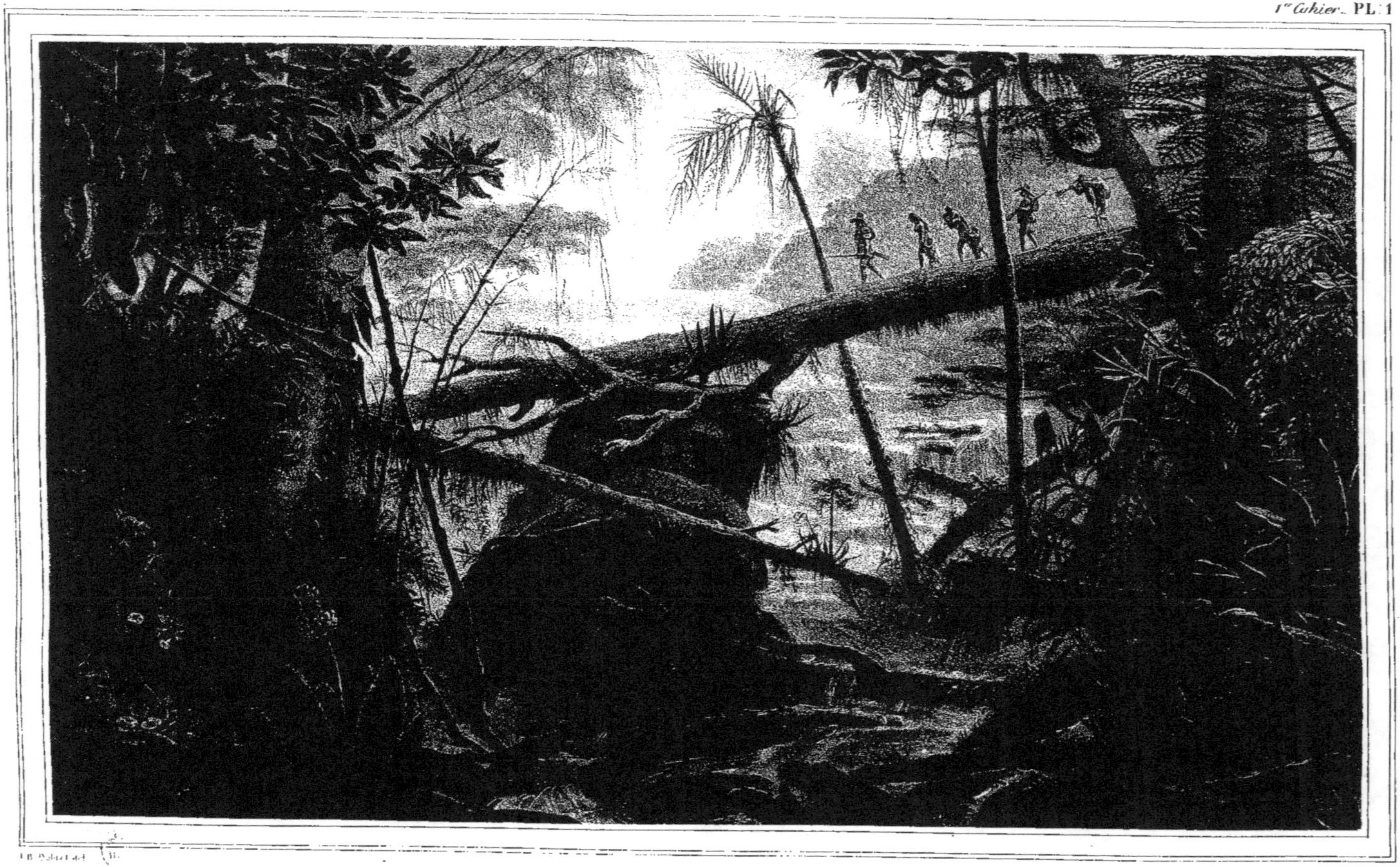

FORÊT VIERGE

Les Bords du Parahiba

lith de Ch. Motte

VÉGÉTAUX DES FORÊTS VIERGES DU BRÉSIL.

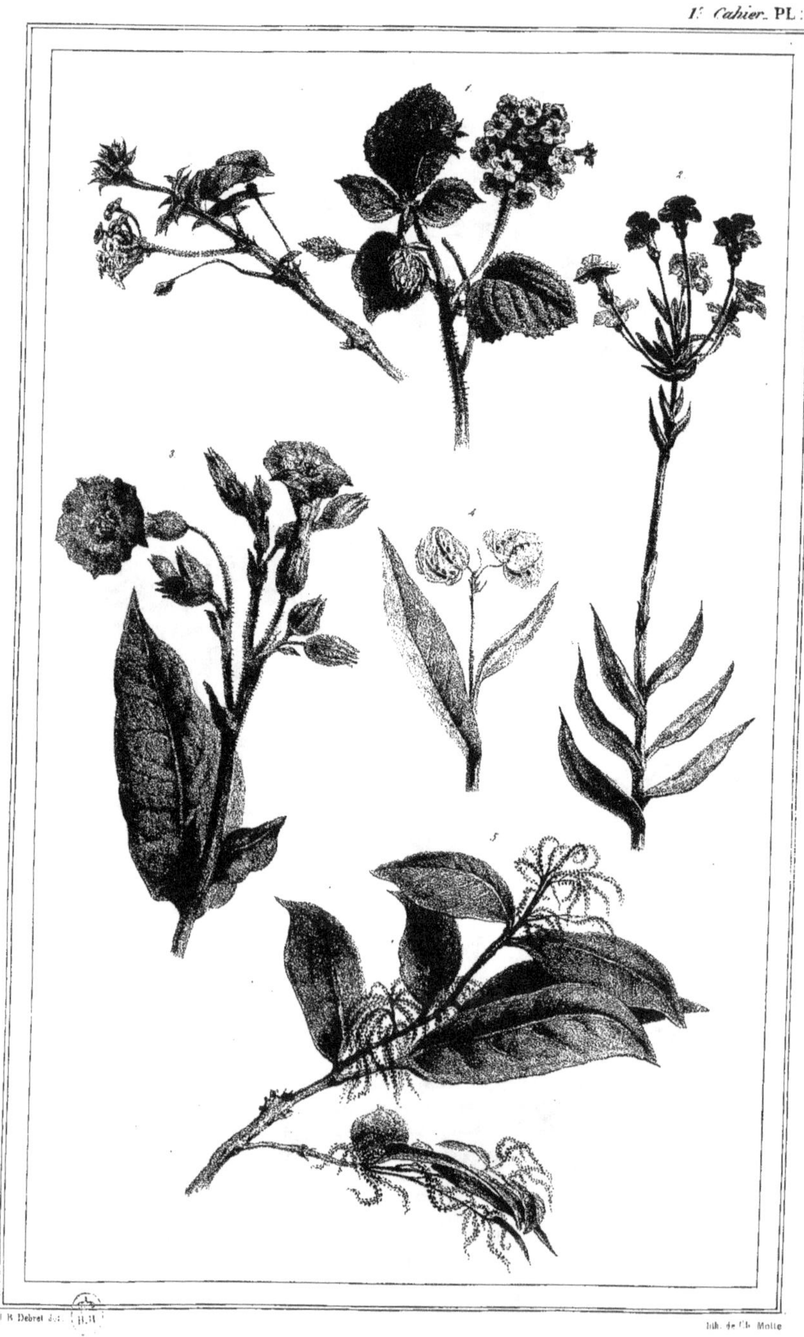

VÉGÉTAUX DES FORÊTS VIERGES DU BRÉSIL.

VÉGÉTAUX DU BRÉSIL

COCOTIER BARRIGUDO (VENTRU.)

ROSEAU ÉVENTAIL.

VALLÉE DA SERRA DO MAR : CHAINE DE MONTAGNES PRÈS DE LA MER

1.
2.
3.
4.

VÉGÉTATION DES FORÊTS VIERGES

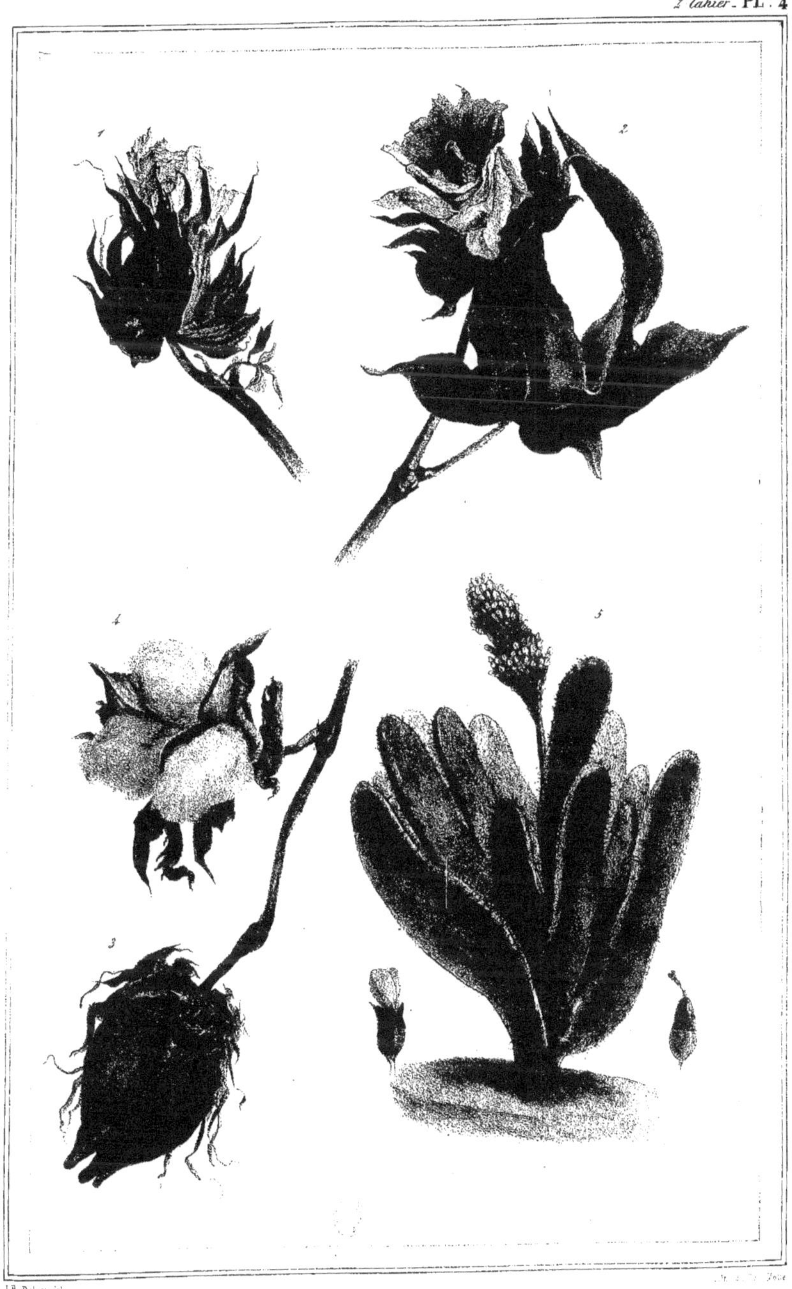

VÉGÉTATION DU BRÉSIL.

J.B Debret del

LE BANANIER.

ELICONIA